La luz y el calor

Harcourt

SCHOOL PUBLISHERS

¡Visita *The Learning Site!*
www.harcourtschool.com

Las formas de energía

La energía puede hacer que la materia se mueva o cambie.

La luz es una forma de energía.

El calor también es una forma de energía.

El sonido es otra forma de energía.

¿De dónde viene la energía?

agua en movimiento

Casi toda la energía es energía solar.

La energía solar viene del Sol.

La energía también puede venir del viento o del agua en movimiento.

También viene de los combustibles, como el carbón y el petróleo.

La luz

La luz es una forma de energía que te permite ver.

La luz viaja en línea recta.

Cuando choca contra los objetos, estos la reflejan.

Los objetos se ven porque reflejan la luz.

Las sombras

La luz puede atravesar algunas cosas.

Pero no puede atravesar otras.

Cuando un objeto bloquea la luz, produce una sombra.

El calor

El calor es la energía que calienta las cosas.

Los combustibles emiten calor al quemarse.

El petróleo, la madera y el gas natural son combustibles.

Las personas usan los combustibles para cocinar y calentar su casa.

La fricción

Cuando los objetos se rozan, producen calor.

Ese calor viene de la fricción.

La fricción hace que los objetos pierdan rapidez.

Además, hace que los objetos se calienten.

El calor y la electricidad

central nuclear

El calor se usa para generar electricidad.

Primero, el calor convierte el agua en vapor.

El vapor hace girar unas máquinas.

Las máquinas generan electricidad.

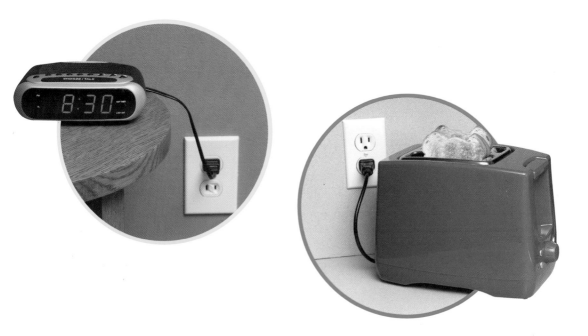

El tendido eléctrico lleva la electricidad a los
edificios.

Los cables eléctricos terminan en los tomacorrientes
de las paredes.

Algunos objetos convierten la electricidad en calor.

Otros la convierten en luz o en sonido.

Cómo fluye el calor

El calor fluye de los objetos más calientes a los más fríos.

El calor fluye fácilmente a través del metal.

Pero no fluye tan fácilmente a través del plástico ni de las manoplas.

Cómo medir el calor

La temperatura es una medida de lo caliente o frío que está algo.

Un termómetro sirve para medir la temperatura.

Los termómetros pueden medir en grados Fahrenheit.

O también pueden medir en grados Celsius.

Vocabulario

calor, pág. 2

electricidad, pág. 8

energía, pág. 2

energía solar, pág. 3

fricción, pág. 7

luz, pág. 2

reflejar, pág. 4

temperatura, pág. 11

termómetro, pág. 11